BEI GRIN MACHT SICH IHR WISSEN BEZAHLT

- Wir veröffentlichen Ihre Hausarbeit,
  Bachelor- und Masterarbeit

- Ihr eigenes eBook und Buch -
  weltweit in allen wichtigen Shops

- Verdienen Sie an jedem Verkauf

Jetzt bei www.GRIN.com hochladen
und kostenlos publizieren

Bibliografische Information der Deutschen Nationalbibliothek:

Die Deutsche Bibliothek verzeichnet diese Publikation in der Deutschen National-
bibliografie; detaillierte bibliografische Daten sind im Internet über http://dnb.d-
nb.de/ abrufbar.

Impressum:

Copyright © 2015 GRIN Verlag, Open Publishing GmbH
Druck und Bindung: Books on Demand GmbH, Norderstedt Germany
ISBN: 978-3-668-23819-0

Dieses Buch bei GRIN:

http://www.grin.com/de/e-book/324101/schulorientiertes-experimentieren-im-
chemieunterricht-mit-kunststoffen

Christoph Höveler

Schulorientiertes Experimentieren im Chemieunterricht mit Kunststoffen

Durchführung, fachliche und didaktische Auswertung

GRIN Verlag

Block 11; Kunststoffe vom 08.01.2015

Inhaltsverzeichnis

Eigenschaften

SOE-Vorschrift:

V1: Entzünde einen Streifen Polyethylen (Plastiktüte) mit dem Brenner. Halte den brennenden Streifen unter ein mit der Öffnung nach unten gehaltenes Becherglas. Gieße dann in das Becherglas einige mL Kalkwasser und schüttle um.

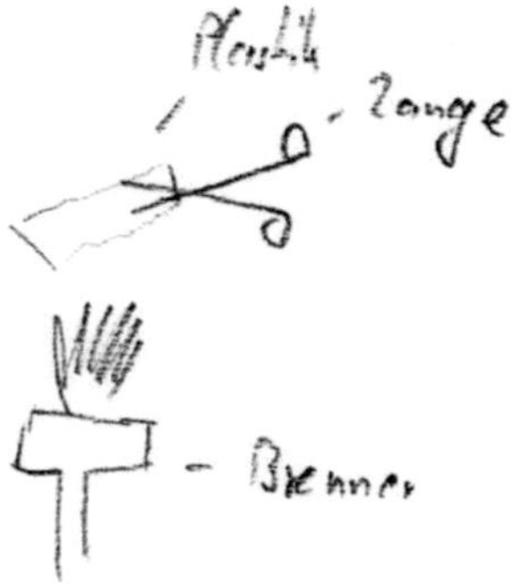

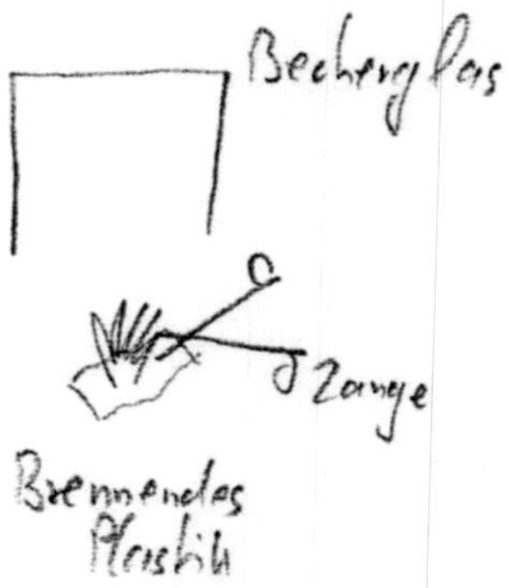

V2: Untersuche verschiedene Kunstoffproben unter dem Abzug mit dem Brenner auf Brennbarkeit, Rußbildung und Schmelzverhalten.

V3: Gib eine Kunststoffprobe in ein Reagenzglas, verschließe dies mit einem angefeuchteten Wattebausch und erhitze die Probe, bis der entstehende Rauch den Wattebausch erreicht hat (Abzug). Lass abkühlen und drücke den Wattebausch auf ein Stück Indikatorpapier.

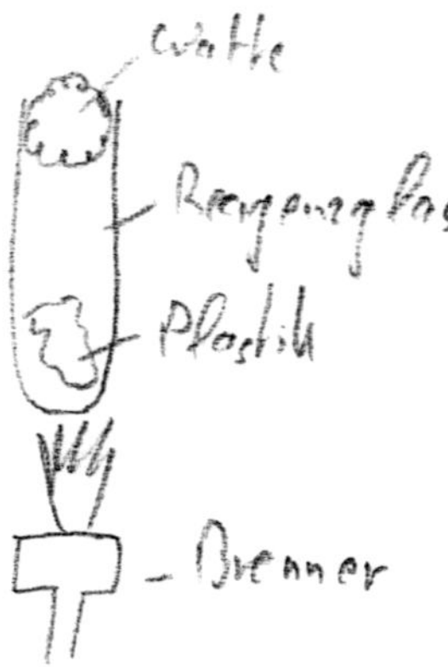

V4; Beilstein-Probe, Nachweis für kovalent gebundenes Chlor: Glühe unter dem Abzug einen Kupferblechstreifen aus, bis keine Flammenfärbung mehr zu erkennen ist. Gib eine winzige Kunstoffprobe auf das Kupferblech und halte es wiederrum in die Flamme.

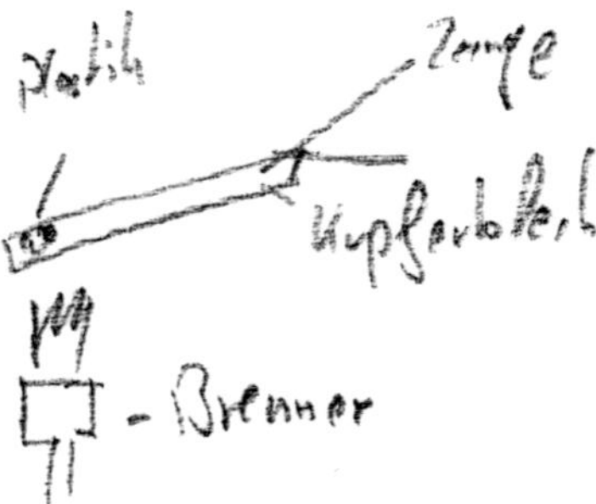

Sek 2, Seite 394, Versuch 1:

Erhitze, entzünde und verbrennen Sie vorsichtig kleine Textilstücke aus Wolle, Seide, Polyamid, Baumwolle und Polyester und stellen Sie die Gemeinsamkeiten und Unterschiede fest.

Beobachtung

V1: Die Plastiktüte brennt mit rußender Flamme. An den Wänden des Becherglases bildet sich ein feiner Niederschlag einer farblosen Flüssigkeit. Das Kalkwasser wird trüb.

V2:

Polycarbonat	Brennt mit rußender Flamme und schmilzt gleichzeitig
Polystyrol	Brennt heftig unter starkem rußen
Polyvinylchlorid	Brennt nicht. Schmilzt und rußt
Polypropen	Brennt und schmilzt, rußt nicht

V3: Das PVC schmilzt zuerst fängt dann leicht an zu brennen. Es kommt zu einer starken Rauch-Entwicklung. Der Universalindikator zeigt eine Rot-Verfärbung bei Kontakt mit dem nassen Wattebausch an. Der pH-Wert ließ sich bei 1/2 einordnen.

V4: Das glänzende Kupferblech wurde beim Ausbrennen schwarz. Etwas PVC auf der Spitze ließ die Flamme grün aufleuchten. Das Plastik selbst ist geschmolzen und blubberte leicht auf. Anschließend glänzte die Kontaktfläche des Kupferblechs wieder kupferfarben.

Sek 2, Seite 394, Versuch 1:

Wolle	Brennt langsam, glüht, rußt leicht
Seide	Schmilzt sehr schnell zu einem schwarzen Klumpen zusammen
Polyamid	Brennt nicht, schmilzt, blubbert, tropft, raucht leicht
Baumwolle	Verbrennt beinahe Rückstandslos, etwas Ruß an der Zange zu erkennen
Polyester	Verbrennt unter starker Rußbildung fast vollständig. Schmilzt leicht.

Didaktische Auswertung

Inhaltlich gehören Kunststoffe generell in das Inhaltsfeld 9, Produkte der Chemie innerhalb der zweiten Progressionsstufe. Schwerpunkte sind hier unteranderem Makromoleküle, im möglichen Kontext der Kunststoffe, deren Struktur und Eigenschaften. Es wird die Synthese, also die Polymerisation von Monomeren zu Makromolekülen behandelt, ebenso wie die Esterbildung. Als Basiskonzept dient das Wissen um funktionelle Gruppen.

Den Nachweis von Kohlenstoffdioxid, den Aufbau von Alkenen und die Reduktion, bzw. die Oxidation von Kupfer haben die SuS bereits kennengelernt zu diesem Zeitpunkt.

Ebenso allgemein gilt, dass das Verbrennen von Kunststoffen nur unter dem Abzug erfolgen darf. Das schränkt die Ausführbarkeit als Schülerexperiment in den meisten Schulen stark ein, da oftmals nur ein Abzug pro Labor vorhanden ist. Hier muss der Lehrer kreativ sein. So kann er solche Experimente als Lehrer-Demonstration-Versuch selbst ausführen, oder einem Schüler diese Aufgabe übertragen der Klasse den Versuch vorzuführen. Mit kleineren Klassen wäre auch ein Stationenlernen denkbar, wobei eine Station das Experimentieren unter dem Abzug darstellt. Hier kann die Klasse in mehrere Kleingruppen aufgeteilt nacheinander die Erfahrung praktisch selbst machen, was einerseits stark die Motivation und das Interesse der SuS erhöht, und andererseits ihre Fertigkeiten im Umgang mit dem Brenner schult.[1]

Synthese

Sek 1, Seite 238, LV1:

Man löst 2,17 g Hexandiamin und 1,5 g Natriumhydroxid in 100 mL Wasser, fügt 2 Tropfen Phenolphthalein-Lösung in Ethanol, w < 1 %, hinzu und überschichtete diese Lösung mit einer Lösung aus 4 mL Sebacinsäuredichlorid in 100 mL Heptan. Die an der Grenzfläche der Lösung entstehende dünne Haut zieht man mit einer Pinzette zu einem Faden und wickelt sie über einen Glasstab auf.

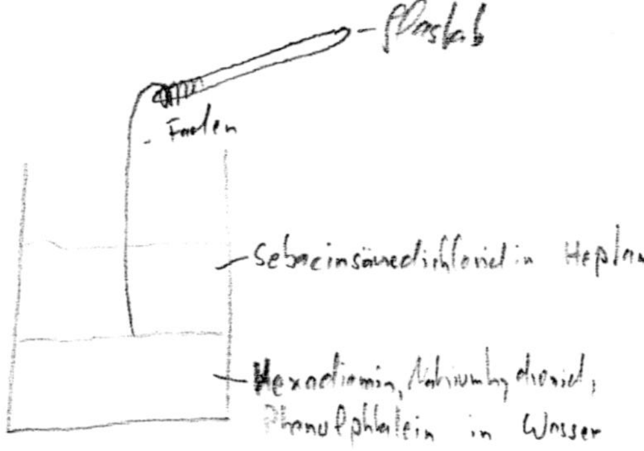

Beobachtung

Sek 1, Seite 238, LV1:

Die Hexadiamin, Natriumhydoxid und Wasser Lösung färbt das Phenolphtalein pink.

Die Lösungen bilden ein 2-Phasen-Gemisch. An der Grenzfläche der Lösungen glänzt es silbrig. Es lässt sich eine feste Haut an dieser Grenzfläche herausziehen, die zu einem Faden verdrillt sich sehr lang ziehen lässt. Währenddessen entfärbt sich die Lösung und die beiden Lösungen nehmen an Volumen ab. Der Faden selbst ist feucht, aber fest und milchig weiß.

---

[1] Kernlehrplan

Didaktische Auswertung

Dieser Versuch eignet sich gut um zunächst Grundlagen zu wiederholen, wie zum Beispiel die Polarität von Flüssigkeiten und deren Verhalten, bringt aber auch neues mit ein, wie die Polykondensationsreaktion. Dieser so lebhafte Versuch kann als Schlüsselexperiment zum Thema Makromoleküle dienen. Auch die Herausforderung, einen möglichst langen Faden zu ziehen, weckt spielerisch das Interesse der SuS. Hierbei ist darauf zu achten, dass das eigentliche Ziel dieses Versuchs nicht aus den Augen verloren wird. Aufgrund von verschärften Chemikalienverordnungen kann der Versuch nicht mehr mit Tetrachlorkohlenstoff als Lösemittel durchgeführt werden, sodass das Endprodukt nicht mehr die Eigenschaften von Nylon aufweist.

Polyurethanschaum

Sek 2, Seite 396, Versuch 3

Geben Sie in eine Teelichtschale etwas Desmodur und etwa die gleiche Menge Desmohen. Rühren Sie mit einem Holzstäbchen gut durch und beobachten Sie den Quellprozess. Testen Sie anschließend die Festigkeit des Produkts mit einem Holzstäbchen.

Beobachtung

Sek 2, Seite 396, Versuch 3

Die beiden Chemikalien schäumen langsam auf. Der Schaum tritt nach kurzer Zeit über das Gefäß hinaus. Er breitet sich nach oben und zu den Seiten aus. Nach einiger Zeit ist der Schaum hart geworden.

Didaktische Auswertung

Hier können die SuS einen alltagsnahen Versuch zur Schäumung erleben. Das Endprodukt werden viele als typischen Bauschaumstoff wiedererkennen. Auch dieser Versuch gehört in die zweite Progressionsstufe, in das Inhaltsfeld 9.

Styropor-Schäumung

SOE-Vorschrift:

1. Ein Teelöffel EPS-Gries in einen Topf mit kochendem Wasser geben, genau 12 Sekunden rühren und dann 1 Liter kaltes Wasser zuschütten-danach sofort durch ein Sieb abgießen.
2. Die Kügelchen zwischen zwei Lagen Papierhandtücher vorsichtig abtrocknen und dann ca. 10 Minuten offen liegen lassen.
3. Die gequollenen Kügelchen in zwei Metallhalbschalen geben und eins davon mit einem Plättchen abdecken. Dann die Schalen aufeinanderlegen, das Plättchen herausziehen und die Hälften mit Klammern verschließen. Die Kugeln ca. 10 Minuten in kochendem Wasser erhitzen, abkühlen und die Styroporkugel entnehmen.

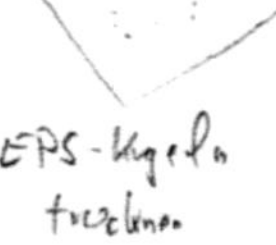

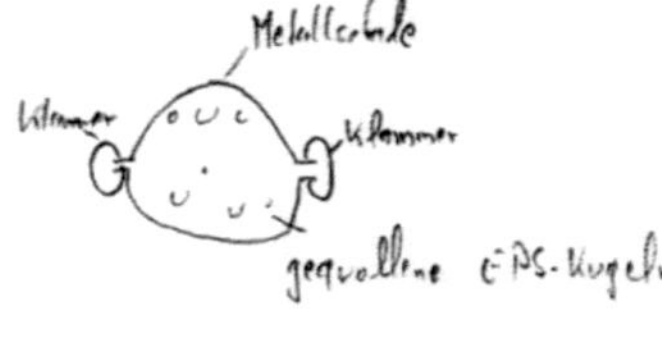

Beobachtung

Nach dem Kochen sind die Kugeln ein klein wenig größer.

Nach dem zweiten Kochen ist eine deutliche Volumenzunahme der Kügelchen zu erkennen.

Didaktische Auswertung

Dieser Versuch erfordert sehr genaues Arbeiten. Die SuS können mit den ungefährlichen Chemikalien dies gut üben. Der Versuch ist zwar zeitintensiv, verdeutlicht aber sehr gut die Quellungsfähigkeit der eingesetzten EPS-Kugeln. Da der Werkstoff allgemein bekannt ist, sollte das Interesse der SuS da sein. Um es ein wenig spannender zu gestalten, wäre der Einsatz von unterschiedlichen Formen möglich.

Fachliche Auswertung; Kunststoffe

Kunststoffe sind aus sich wiederholenden Einheiten aufgebaute Makromoleküle mit hoher Molekülmasse. Sie sind ein Beispiel für künstlich hergestellte Polymere, also Einheiten in denen sich Monomere wiederholen. Sie werden aus dem Rohstoff Erdöl gewonnen. Ein Ansatz zur <u>Polymer-Klassifizierung</u> ist ihr Verhalten bei Hitzeeinwirkung. Es werden drei Klassen voneinander unterschieden. Thermoplaste bestehen aus langen, linearen oder verzweigten Fäden aus Monomer-Einheiten. Sie werden bei Hitze weich. Dieses Verhalten lässt sich zum Recyceln nutzbar machen.

Elastomere sind thermoplastische Kunststoffe mit einer geringen Anzahl von Querverbindungen zwischen den langen Polymerfäden. Sie lassen sich auseinander ziehen und prallen gut ab.

Duroplasten hingegen schmelzen nicht und können deshalb auch nicht so leicht recycelt werden. Bei der Produktion entstehen viele Querverbindungen zwischen den Polymerfäden. Aus diesem Grund sind diese Kunststoffe sehr hart.

lineare Makromoleküle: Thermoplast

dreidimensional vernetzte Makromoleküle: Duroplast

schwach vernetzte Makromoleküle: Elastomer

B6 *Thermoplast, Duroplast und Elastomer im Modell.*

Abbildung 1 : Modell der Verzweigung[2]

Wie auch in den Versuchen zum Hitzeverhalten gezeigt, schlagen sich diese Materialeigenschaften auf ihre Verwendung nieder:

---

[2] Tausch, Sek 2
[2] http://www.chemieunterricht.de/dc2/haus/k-stoffe.htm, Zugriff am 11.01.2015

	Kunststoff	**Verwendung**
Thermoplaste	PE Polyethen	Plastikbeutel, Eimer, Frischhalte-Folie, Bierkästen, Schläuche, Flaschen von Reinigungsmitteln
	PP Polypropen	Einwegbecher, Joghurt-Becher, Batteriekästen, Schuhabsätze
	PS Polystyrol	Einwegbecher, Joghurt-Becher, Kugelschreiber, Dia-Rahmen, Tonbandkassetten, Beschichtung von Blumendraht, Styropor ®
	PVC Polyvinylchlorid	Fußbodenbeläge, Kabelummantelungen, Abflussrohre, Schallplatten, Duschvorhänge, Lüsterklemmen, Schläuche
	PA Polyamid	Dübel, Angelschnur, Brillengestelle, *Nylon*, *Perlon*
	PMMA Polymethylmethacrylat	Autorücklichter, Lineale, bruchfeste Verglasungen, *Plexiglas*
Duroplaste	MF Melami-Formaldehyd-Harz (Phenoplaste)	Kochlöffel, Oberfläche von Küchenmöbeln, elektr. Isoliermaterial, Bakelit ®
	UF Aminoplaste	Steckdosen, elektr. Isoliermaterial, Eierbecher, Tabletts, Lichtschalter, Becher
Elastomere	PUR Polyurethan	Matratzen, Fugendichtung, Wärmedämmung, Schaumstoffe, Moltopren ®
	Vulkanisierter Kautschuk (Gummi)	Gummistiefel, Autoreifen, Latexhandschuhe, Gummibänder, Schnuller, Präservative

Abbildung 2: Eigenschaften und Verwendung verschiedener Kunststoffe[3]

Es gibt aber auch neben dieser Einteilung nach dem Verhalten unter Hitze andere. So werden Kunststoffe zum Beispiel auch an der Struktur der Polymerkette, nach Art der Verwendung oder der für die Herstellung verwendete chemische Prozess klassifiziert. Normalerweise kommen hierfür zwei Prozesse in Frage, die <u>Polyaddition und die Polykondensation</u>.

Die Polyaddition liefert eine Vielzahl von Kunststoffen unseres Alltags. Hierbei werden alle anfänglich in der Struktur eines Monomers vorhandenen Atome in einer Polymerkette verknüpft. Die verwendeten Monomere beinhalten hierbei eine Kohlenstoff-Doppelbindung, die im Verlauf der Reaktion zum Teil aufgebrochen wird. So entsteht ein Radikal, welches sich mit einem anderen Molekül verbindet. Dieser Prozess wiederholt sich dann als Kettenreaktion. Es entsteht ein Polymer.

Ein klassisches Beispiel für diese Reaktion ist die Herstellung von <u>Polyethylen</u>, kurz PE. Ausgangsmaterial ist Ethen, welches unter hoher Hitze und mithilfe von Katalysatoren zu Ethen reagiert. Das Ethen wird dann in Anwesenheit eines anderen Katalysators und unter Luftabschluss stark erhitzt. Die Doppelbindung bricht, wobei jedes Kohlenstoffatom ein Elektron erhält. Beide Kohlenstoffatome werden also zu Radikalen, die äußerst reaktionsfreudig sind. Treffen zwei Radikale aufeinander können diese eine kovalente Bindung eingehen. Durch eine Veränderung des Drucks während dieser Reaktion entstehen unterschiedliche Produkte. Es gibt Polyethylen-Niedrige Diche, PE-ND, PE-Hohe Dichte (PE-HD) und vernetztes Polyethylen, VPE.

Abbildung 3: Polymerisation von Ethen zu Polyethylen

PE-ND weist einige Verzweigungen an der Kohlenstoffkette auf. Es zeigt sich ein verwickeltes Netz verzweigter Polymerfäden. Dieses Polyethylen ist wich und flexibel, weshalb es meist in Tüten vorkommt. Wie auch alle anderen Produkte aus PE ist es chemikalienresistent.

PE-HD ist hart, fest und robust. Es setzt sich aus eng gepackten linearen Fäden zusammen. VPE ist durch die vielen Vernetzungen zwischen den linearen Fäden gekennzeichnet. Es ist daher sehr stabil. VPE wird zum Herstellen von Flaschendeckeln genutzt, findet aber auch Anwendung für die Fertigung von Prothesen.

Verbrennt man PE entsteht Wasser und Kohlenstoffdioxid, welches im obigen Versuch nachgewiesen wurde mithilfe der Kalkwasserprobe. Das Wasser könnte mithilfe von Watesmopapier nachgewiesen werden. Diese Vollständige Verbrennung macht man sich in der energetischen Verwertung zu nutze.

Ersetzt man beim Ethen ein Wasserstoffatom, so verläuft die gleiche Additionspolymerisation, doch die Eigenschaften des Produkts verändern sich. So bestehen Plastikflaschen normalerweise aus Polypropylen. Hierbei trägt das Ethen eine Methylgruppe anstatt eines Wasserstoffatoms. Es handelt sich also um Proben.

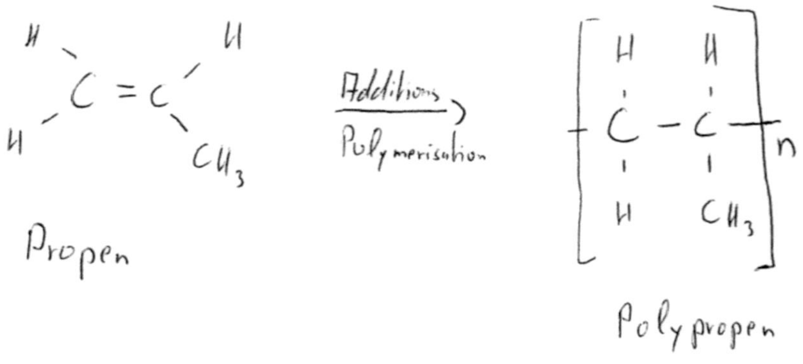

Abbildung 4: Polymerisation von Propen zu Polypropen

Ersetzt man hingegen ein Wasserstoffatom des Ethens durch einen Benzolring, so entsteht Styrol. Durch eine Additionspolymerisation wird aus Styrol Polystyrol, besser bekannt als Styropor. Dieses ist ein festes Polymer, welches sehr gut isoliert.

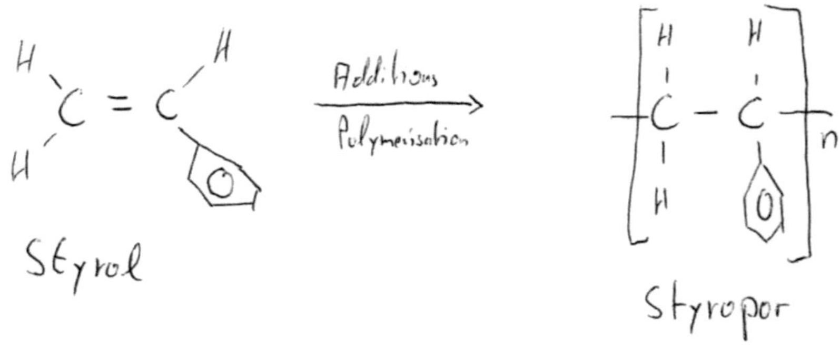

Abbildung 5: Polymerisation von Styrol zu Styropor

Die eingesetzten kleinen Kügelchen in unserem Versuch zur Schäumung enthielten ca. 5 % Pentan. Dieses hat einen niedrigen Schmelz- und Siedepunkt. Beim Erwärmen dehnt es sich sehr stark auf, sodass auch die Kugeln wachsen.

Durch die Addition von Vinyl-Chlorid-Monomeren erhält man Polyvinylchlorid, PVC. Es ist recht widerstandsfähig und wird aus diesem Grund auch oft als Bodenbelag genutzt.[4]

---

[4] Moore, Vergleiche Seite 263 bis 270

Um dieses kovalent gebundene Chloratom schnell nachweisen zu können wird die sogenannte Beilsteinprobe durchgeführt, siehe den entsprechenden Versuch hierzu. Dieses Testverfahren dient allgemein zum Nachweis von in einer Substanz gebundenen Halogen-Atomen. Diese bilden mit dem Kupfer des Bleches flüchtige Kupferhalogenide, welche die Flamme grün färben. In obigen Fall bildete sich Kupfer(II)chlorid. Da diese Probe jedoch nicht spezifisch ist, wird sie meist nur als Vorprobe eingesetzt.[5] Ein großes Problem bei diesem Test stellt jedoch die Möglichkeit dar, dass bei der Verbrennung von chlorierten organischen Verbindungen Polychlorierte Dibenzo-p-dioxine und Dibenzofurane, kurz Dioxine entstehen, welche als langlebige organische Schadstoffe in der Umwelt kaum abgebaut werden. So kann es vorkommen dass sie sich unter anderem im Menschen anreichern und für erhebliche Beschwerden sorgen.[6] Neben Dioxinen beim Verbrennen von PVC entsteht auch Salzsäure wenn der Rauch auf Wasser trifft.[7] Dies haben wir in Versuch 3 demonstriert, indem der Rauch auf einen nassen Wattebausch traf. Das pH-Papier verfärbte sich rot, eine starke Säure hatte sich gebildet.

Auch der Polyurethanschaum entsteht durch eine Polyadditionsreaktion. Er wird aus Diisocyanaten und Diolen synthetisiert. Als Charakteristikum dient die Urethangruppe, welche aus Isocyanat- und einer Hydroxy-Gruppe entsteht. Aufgrund der polaren Gruppe können diese Kunststoffe Wasserstoff-Brücken zwischen den einzelnen Ketten ausbilden. [8]

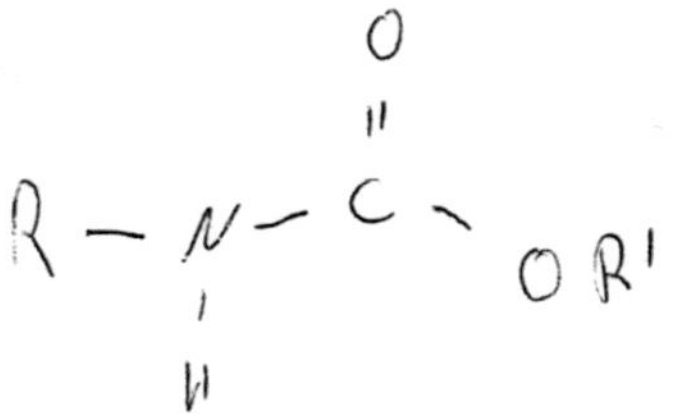

Abbildung 6: Urethan-Gruppe

Die andere chemische Reaktion zur Herstellung von Kunststoffe ist die Kondensationspolymerisation. Hierbei verbinden sich zwei chemische Komponenten miteinander und verdrängen infolge dessen ein kleines Molekül. Die so hergestellten Polymere heißen Kondensationspolymere. Das verdrängte Molekül ist in vielen Fällen Wasser. Reagieren eine organische Säure und ein Alkohol entsteht ein Ester und Wasser. Wächst die Polymerkette, bildet sich also ein Polyester, aus dem unter anderem Kleidung und auch Flaschen entstehen.

---

[5] http://www.seilnacht.com/Lexikon/beilst.html, Zugriff am 11.01.2015

[6] http://www.chemie.de/lexikon/Polychlorierte_Dibenzodioxine_und_Dibenzofurane.html, Zugriff am 11.01.2015

[7] http://www.chemieunterricht.de/dc2/tip/02_02.htm, Zugriff am 14.01.2014

[8] http://www.chemgapedia.de/vsengine/vlu/vsc/de/ch/9/mac/stufen/polyaddition/polyurethane/polyurein.vlu.html, Zugriff am 11.01.2015

Um eine lange Kette zu erhalten, benötigten die beteiligten Stoffe zwei funktionelle Gruppen. Ethylenglykol enthält zwei Alkoholgruppen an, Terephthalsäure zwei Säuregruppen. Reagieren diese beiden Substanzen miteinander, wird Wasser abgespalten und das Kondensationspolymer <u>Polyethylenterephthalat</u>, PET, entsteht.

$$OH-CH_2-CH_2-OH \ + \ HO-\overset{O}{\overset{\|}{C}}-\langle O \rangle-\overset{O}{\overset{\|}{C}}-OH$$

Ethylenglykol   Terephthalsäure

$$\longrightarrow \ \left[O-CH_2-CH_2-O-\overset{O}{\overset{\|}{C}}-\langle O \rangle-\overset{O}{\overset{\|}{C}} \right]_n \ + \ H_2O$$

Polyethylenterephthalat

Abbildung 7: Polykondensation von PET

Lässt man eine organische Säure mit zwei Säuregruppen an den Enden und ein Diamin reagieren, wird dabei Wasser abgespalten und es entsteht ein Amid, beziehungsweise ein <u>Polyamid</u>, auch als Nylon bezeichnet. Im Versuch reagiert Hexamethylendiamin mit Sebacinsäuredichlorid zu Polyamid 6.10. Die Zahl drückt aus, dass das Amin über 6 Kohlenstoffatome und die organische Säure über 10 Kohlenstoffatome verfügt.[9]

$$\underset{H}{\overset{H}{\diagdown}} N-(CH_2)_6-N\underset{H}{\overset{H}{\diagup}} \ + \ \overset{O}{\overset{\|}{C}}-(CH_2)_8-\overset{O}{\overset{\|}{C}}$$

Cl   Cl

$$\xrightarrow[\substack{\downarrow \\ 2\,HCl}]{\text{Polykondensation}} \ \left[N-(CH_2)_6-N-\underset{O}{\overset{}{C}}-(CH_2)_8-\underset{O}{\overset{}{C}} \right]_n$$

Abbildung 8: Nylon-Seil-Trick[10]

<hr>

[9] Moore, Vergleiche Seite 263 bis 270
[10] http://www.seilnacht.com/Lexikon/k_polyam.html, Zugriff am 11.01.2015

Die Entstehung von Salzsäure wurde in unserem Versuch sichtbar gemacht, indem wir die Lösung mit etwas Natriumhydroxid und mit Phenolphtalein-Lösung versetzt haben. Während die Reaktion weiter vorstatten ging, entstand mehr und mehr Säure, welche die Base neutralisiert hat. Nach einiger Zeit wurde die Lösung so weit neutralisiert, sodass das Phenolphtalein wieder farblos wurde.

Spezielle didaktische Fragen

Trennung nach Dichte

Der Plastikmüll wird zunächst zerkleinert. Die kleinen Stücke kommen nun in ein Wasserbad. Polyethylenstücke mit ihrer geringeren Dichte als Wasser schwimmen auf diesem und können abgeschöpft werden. Wenn die untergegangen Stücke nun in ein leicht salziges Wasserbad kommen, steigen zum Beispiel die Polystyrolstücke auf, da wir die Dichte des Wassers verändert haben.

Dieser Versuch lässt sich im Becherglas hervorragend nachvollziehen.

Kunststoffrecycling

	Vorteile	Nachteile
Werkstoffliche Verwertung	Thermoplaste können in neue Form gebracht werden -Sortenreine Abfälle werden in großen Mengen bereits wiederverwertet	Die Qualität nimmt beim recycle Vorgang ab -Eine sehr genaue Trennung ist erforderlich
Rohstoffliche Verwertung	Der gewonnene Rohstoff kann für beliebige Zwecke verwendet werden	Verfügbarkeit sortenreinen Materials Voraussetzung
Energetische Verwertung	vollständige und schadstoffarme Verbrennung -hoher Heizwert	Umweltbelastung -Verlust des Rohstoffs

Quellen

Tausch, von Wachtendonk: Chemie 2000+, Sekundarstufe 1, C.C. Buchner Verlag, Bamberg 2010

Tausch, von Wachtendonk: Chemie 2000+, Sekundarstufe 2, C.C. Buchner Verlag, Bamberg 2007

John T. Moore, „Chemie Für Dummies", 2., überarbeitete Auflage, WILEY-VCH Verlag 2008

Kernlehrplan für die Realschule in Nordrhein-Westfalen, Fach Chemie, Stand 07.07.2011

http://www.chemieunterricht.de/dc2/haus/k-stoffe.htm, Zugriff am 11.01.2015

http://www.seilnacht.com/Lexikon/beilst.html, Zugriff am 11.01.2015

http://www.chemie.de/lexikon/Polychlorierte_Dibenzodioxine_und_Dibenzofurane.html, Zugriff am 11.01.2015

http://www.chemieunterricht.de/dc2/tip/02_02.htm, Zugriff am 14.01.2014

http://www.chemgapedia.de/vsengine/vlu/vsc/de/ch/9/mac/stufen/polyaddition/polyurethane/pol yurein.vlu.html, Zugriff am 11.01.2015

http://www.seilnacht.com/Lexikon/k_polyam.html, Zugriff am 11.01.2015